用平底锅也能做

烤三明治与法式吐司的
100种做法

[日]铃木理惠子 著

华夏出版社
HUAXIA PUBLISHING HOUSE

图书在版编目（CIP）数据

烤三明治与法式吐司的 100 种做法 / （日）铃木理惠子著；陈志姣译 . -- 北京：华夏出版社，2019.7

ISBN 978-7-5080-9724-4

Ⅰ . ①烤… Ⅱ . ①铃… ②陈… Ⅲ . ①面包 - 制作 Ⅳ . ① TS213.2

中国版本图书馆 CIP 数据核字 (2019) 第 051636 号

FURAIPAN DE DEKIRU HOT SANDWICH TO FRENCH TOAST 100 RECIPE

by RIEKO SUZUKI

Copyright © 2014 RIEKO SUZUKI

Original Japanese edition published by Seibundo Shinkosha Publishing Co., Ltd.

All rights reserved

Chinese (in simplified character only) translation copyright © 2019 by Huaxia Publishing House

Chinese(in simplified character only) translation rights arranged with Seibundo Shinkosha Publishing Co., Ltd. through Bardon-Chinese Media Agency, Taipei.

版权所有　翻印必究

北京市版权局著作权合同登记号：图字 01-2017-6910 号

烤三明治与法式吐司的 100 种做法

作　　者	［日］铃木理惠子	版　次	2019 年 7 月北京第 1 版	
译　　者	陈志姣		2019 年 7 月北京第 1 次印刷	
责任编辑	李春燕	开　本	787×1092　1/16	
美术设计	殷丽云	印　张	6.25	
责任印制	周　然	字　数	100 千字	
出版发行	华夏出版社	定　价	48.00 元	
经　　销	新华书店			
印　　刷	北京华宇信诺印刷有限公司			
装　　订	三河市少明印务有限公司			

华夏出版社　网址:www.hxph.com.cn　地址：北京市东直门外香河园北里 4 号　邮编：100028

若发现本版图书有印装质量问题，请与我社营销中心联系调换。电话：（010）64663331（转）

序 言

　　本书的主题是"用平底锅做烤三明治"。即使没有烤三明治机，只要将吐司面包放在平底锅里，用小小的盖子或笊篱压住，外侧烤到酥脆，中间夹心部分烤到暄腾，就可以享用热乎乎的三明治了。

　　当然，烤三明治也可以用电热式三明治机和直火式三明治机来做，但是很想让大家尝尝用平底锅做出来的烤三明治的美味呢。

　　法式吐司也是"烤热的面包"，从这一点来说，也能被称为烤三明治。本书特别介绍了用各种面包夹上食材或在面包上面点缀食材制成的个性化法式吐司的食谱。希望能启发各位发现新的法式吐司的食用方法。

　　为了做出美味，我发现了一些窍门，也不会很难。不断地夹着、烤着、大口吃着，如果你们能因此而笑容满面，那再也没有比这更让我开心的了。

铃木理惠子

100
recipes
of
grilled
sandwiches
and
french
toasts

Contents 目录
烤三明治与法式吐司的100种做法

本书的定例

＊ 食材用量是大致推测。请根据食材的大小和个人喜好适当加减。由于照片优先考虑使食材简单明了，所以有时图片顺序会和实际的不太一样。＊1 小勺是 5ml，1 大勺是 15ml，1 杯是 200ml。＊"烤"三明治，原则上是指基本的烤三明治烧烤法所遵循的方法和时间。＊ "烤"法式吐司，原则上是指基本的法式吐司烧烤法所遵循的方法和时间。＊ 吐司面包的烧烤面（与平底锅等接触的那个面）称为"外侧"，不烤的那一面称为"内侧"。＊ 微波炉的加热时间是以强度为 800W 的微波炉为标准设定的。请根据您所使用的微波炉的类型和特性进行调节。＊ 使用的烹饪器具不同，完成效果也有可能会产生差异。＊ 做料理时可能会导致烫伤或者受伤，请注意安全，如果发生烫伤或受伤，请妥善处理。

窍门和提示

平底锅的盖子，尽量选择平的会比较好用。以10~20秒为标准，用力按住，再拿开。将这个流程两面各重复两三次，就可以烤得较好。

将豆渣粉、面包粉和土豆泥少量混合，让它们吸收掉食材中多余的水分，能够防止面包变得湿软。

烤三明治和法式吐司都
可以放进带拉链的保鲜袋中
冷藏。从冰箱取出后在室温
下放置，直至自然解冻，用
平底锅或烤面包机稍微烤一
下，就可以恢复美味了！

甜的烤三明治和法
式吐司，在完成之后撒
些糖粉，或加些自己喜
欢的果酱、蜂蜜，也会
很美味！

不甜的法式吐司，
如果加上松露油、奶酪
粉或热酱汁，就会让味
道浓郁起来。

用平底锅来做烤三明治

就算没有三明治机，用平底锅也可以做烤三明治。不用力按住两面来烤，烤三明治会很软和。如果用平底锅的盖子等用力按住来烤的话，完成效果会比较接近用三明治机做出来的烤三明治。能够根据喜好来调节完成效果，这也是用平底锅来做烤三明治的优点。

无边型

① 将吐司面包的边切掉。（图Ⓐ）
② 在每片面包的内侧涂上黄油。（图Ⓑ）
③ 在下面的面包上放上奶酪，放上中间要夹的食材，盖上上面的面包。（图Ⓒ）
④ 用热平底锅将两面烤到变色。

有边型

① 在每片面包的内侧涂上黄油。在下面的面包上放上奶酪，盖上上面的面包。（图ⒹⒺⒻⒼ）
② 用平底锅的盖子、耐热材料制作的笊篱、耐热玻璃器皿等，用力按住面包。（图ⒽⒾⒿ）

③ 用平底锅一边烤着，一边按压数次，然后用铲子翻面。时不时按几下，将两面烤到焦黄。（图Ⓚ）

使用三明治机

　　直火式三明治机和电热式三明治机各有各的特征。三明治机有中间凸起的类型和不凸起的类型，若用不凸起的，三明治中间可以夹更多的料。直火式一般用于露营、登山等户外场合。

直火式三明治机

①根据面包的大小和个人喜好，决定是否要切掉面包的边角。（图Ⓐ Ⓑ）
②在每片面包的内侧涂上黄油，在下面的面包上放上奶酪，再放上要夹的料。（图Ⓒ）
③盖上上面的面包，放到三明治机中。（图Ⓓ）
④将超出的部分按压进去，合上三明治机，用小火两面烧烤。（图Ⓔ）
⑤最好烤制过程中打开看看，查看一下烧烤的状况。（图Ⓕ）

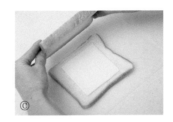

使用烤面包机

· 做法和流程基本上和直火式三明治机相同。
· 上下两面都有加热装置，不用翻面。

电热式三明治机

· 做法和流程基本上和直火式烤三明治机相同。（图Ⓖ Ⓗ）
· 如果底盘面积小，将边角切掉会比较好烤。
· 如果中间的料夹得过多，要注意三明治机可能会盖不上盖子，或者料会漏出来。

将烤三明治
完美切分

· 如果一刀切下去，面包可能会偏移，致使中间夹的料散落得到处都是，用锋利的刀子一点一点慢慢切，就能够切得很好。
· 一般的切法是从中间切成长方形，或者斜着切成三角形。如果各自再对切一下，就会比较方便食用。（图Ⓘ Ⓙ）

用吐司面包之外的面包来做烤三明治

　　用吐司面包之外的面包来做烤三明治，基本做法是相通的，请用喜欢的面包享受各种成品的乐趣。也许有人会用加热酸面包来感受强烈的酸酸的味道。加入果仁和水果干的面包，只是切成薄片，简单地夹上奶酪来烤，也会增添风味。如果在面包的外侧（接触平底锅的那一侧）也薄薄地涂抹上黄油，就能够享受到酥脆的口感和浓郁的烤色。

基本做法

①为了方便烧烤，要切成薄片。在每片面包的内侧涂上黄油。
②在下面的面包上放上奶酪，再放上中间要夹的料。
③盖上上面的面包。
④用平底锅等将两面都烤成焦黄色。

百吉饼

· 切成薄片来烤，外侧酥脆，内侧柔软。
· 不适合夹很多料，所以最好使用奶酪和培根等简单的食材。

法棍面包

· 可以做成口感筋道的烤三明治。

英式松饼

· 水平切开来烤，外侧酥脆，内部松软。

丹麦酥皮果子面包·牛角包等

· 不压住烤会比较松软。

如果用铲子等压住烤，口感就会比较像面团。

Chapter 1 | 基本的烤奶酪三明治和 25 种变化

"烤三明治"用英语来说是"Grilled Sandwich"，其中的代表是烤奶酪三明治。只是用熟悉的食材和奶酪混合来烤就可以变得如此美味，这就是烤三明治魔法！

基本的烤奶酪三明治

"**ホットサンド**"实际上是日式英语。

无论面包的种类如何，只要是烤的三明治，英语都叫作"Grilled Sandwich"。

其中最受欢迎的，就是这种烤奶酪三明治。

烤奶酪三明治不仅在休闲餐厅的菜单上很常见，在家中也是孩子自己最早能做的代表性料理之一。

由于是将涂抹了黄油的那一面当成外侧来烤，酥脆的口感和浓郁的烤色是它的特征。

材料

8片装吐司面包.............................2片

奶酪切片.....................................1片

黄油...适量

做法

① 在吐司面包之间夹上奶酪。（图Ⓐ）

② 将①的外侧两面都薄薄地涂抹上一层黄油。（图ⒷⒸ）

③ 用热平底锅将两面都烤到焦黄。（图Ⓓ）

仅仅改变烤奶酪三明治中间夹的奶酪的种类，
就能够轻松地享受到味道的变化。
在此介绍三种烤奶酪三明治的变化版：
在产地也很受欢迎的切达奶酪、和红酒很相配的卡门伯特干酪，还
有略带民族风味的菲达 & 脱脂乳酪。

切达奶酪

材料

8 片装吐司面包.............................2 片
奶酪切片 ....1 片
切达奶酪切片 ....1 块
黄油 ....适量

做法

① 在吐司面包中间夹好奶酪，在外
　侧面包的两面都薄薄地涂上黄油。
② 在加热的平底锅中放上①，将面
　包两侧都烤到焦黄。

卡门伯特干酪

材料

8 片装吐司面包...........................2 片
奶酪切片 ....1 片
卡门伯特奶酪.............................4 块
黄油 ....适量

做法

① 在吐司面包中间夹好奶酪，在
　外侧面包的两面都薄薄地涂上
　黄油。
② 在加热的平底锅中放上①，将面
　包两面都烤到焦黄。

菲达 (Feta)& 脱脂乳酪

材料

8 片装吐司面包............................2 片
菲达奶酪....骰子状大小不到半杯的量
脱脂乳酪....................................2 大勺
黄油 ....适量

做法

① 将菲达奶酪和脱脂乳酪分别放在
　面包上。
② 在外侧面包的两面都薄薄地涂上
　黄油。
③ 在加热的平底锅中放上②，将面
　包两面都烤到焦黄。

凤尾鱼土豆

粗制黑胡椒一定要用磨粉机粗粗碾磨制
成的那种!
味道一定会很正宗。

材料

8 片装吐司面包	2 片
黄油	适量

· 凤尾鱼土豆材料 ·

土豆	中等大小 1 个
凤尾鱼柳	1 小片
荷兰芹碎屑	2 小勺
蒜末	1/2 小勺
粗制黑胡椒	一小撮
黄油	1 大勺

做法

① 将土豆洗净,带皮切成一口可食用的大小,放入足够的热水焯煮。煮到还略微有些硬的时候将水倒出。(图Ⓐ)

② 在平底锅中放入 1 大勺黄油加热,放入①来炒,加入蒜末,香气就出来了。

③ 将凤尾鱼柳切碎放入,整体搅拌在一起炒。(图Ⓑ)

④ 关火,混合加入荷兰芹碎屑和粗制黑胡椒。(图Ⓒ)

⑤ 在每片面包内侧涂抹上黄油,将④放在下面的面包上。

⑥ 盖上上面的面包,用热平底锅将两面都烤到焦黄。

莲藕帕尔玛（Parmesan）干酪

能够享受到咔嚓咔嚓口感的三明治。
操作要迅速，防止莲藕变色。

Ⓐ

Ⓑ

Ⓒ

材料

8 片装吐司面包	2 片
莲藕	2cm 左右长
荷兰芹碎屑	1 小勺
蛋黄酱	1 大勺
柠檬汁	1 小勺
帕尔玛干酪	1 大勺
粗制黑胡椒	适量
黄油	适量

做法

① 在每片面包的内侧涂抹上黄油。

② 去掉莲藕的皮，切成薄片。（图Ⓐ）

③ 将蛋黄酱和柠檬汁混合，与②和荷兰芹碎屑合在一起，放到下面的面包上。（图Ⓑ）

④ 均匀地撒上帕尔玛干酪和粗制黑胡椒。（图Ⓒ）

⑤ 盖上上面的面包，用热平底锅将两面都烤到焦黄。

百里香风味的远东多线鱼 & 卷心菜

百里香的香气，为很相配的远东多线鱼和卷心菜的组合增添了新鲜的味道。

材料

法棍面包 ....15cm 左右长

烤多线鱼 ....1 片

卷心菜丝 ....1/2 杯

奶酪切片 ....1 片

百里香（新鲜的）......1 个枝条（1 穗）

黄油 ....适量

做法

① 将法棍面包水平切开，在切面上涂抹黄油。（图Ⓐ）

② 在下面的面包上依次放上奶酪切片、切成细丝的卷心菜和烤多线鱼。

③ 放上新鲜的百里香。（图Ⓑ）

④ 盖上上面的面包，用热平底锅将两面都烤到焦黄。

小葱油炸豆腐

虽然不含肉，但却略有北京烤鸭的味道。
甜面酱和小葱对味道起了决定性作用。

 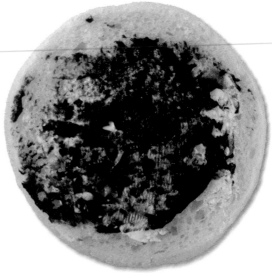

材料

英式松饼 ....1 个
油豆腐 ....1cm 厚的 3 片
葱丝 ....1/4 杯
芝士碎 ....1/4 杯
甜面酱 ....1 大勺
黄油 ....适量

做法

① 将英式松饼水平切开，在切面上涂抹黄油，再将甜面酱涂上去。（图Ⓐ）
② 在下面的面包上放上油豆腐和葱丝。（图Ⓑ）
③ 将芝士碎放上去。（图Ⓒ）
④ 盖上上面的面包，用热平底锅将两面都烤到焦黄。

土豆咸牛肉

也可以选择少盐和少脂肪的咸牛肉。
请配合自己的生活方式，选择喜好的食物。

材料

8 片装吐司面包	2 片
咸牛肉	切碎的 2 大勺
土豆泥	3 大勺
奶酪切片	1 片
芥末	1 大勺
黄油	适量

做法

① 在每片面包的内侧涂上黄油，再涂上芥末。（图Ⓐ）

② 在下面的面包上放上奶酪切片，将土豆泥和咸牛肉薄薄地铺展开。（图Ⓑ）

③ 盖上上面的面包，用热平底锅将两面都烤到焦黄

火腿、莴苣、番茄

由于中间夹的料水分较多，
所以用大火迅速地为面包上色吧。

材料

8 片装吐司面包 ....2 片
培根（烤好的）.....................2~3 片
番茄 ....薄切 2 片
生菜 ....1 片
蛋黄酱 ....1 大勺
芝士碎 ....2 大勺
黄油 ....适量

做法

① 在每片面包的内侧涂上黄油，再涂上蛋黄酱。

② 在下面的面包上依次放上培根、生菜、番茄，周围撒上芝士碎。

③ 盖上上面的面包，用热平底锅将两面都烤到焦黄。

牛油果

没有完全成熟的牛油果通过烧烤也能变得方便食用，
是一种很简单就能获取的优质营养的三明治。

材料

8 片装吐司面包 ....2 片
牛油果薄切片 ....4 片
奶酪切片 ....1 片
黄油 ....适量
盐、胡椒 ....适量

做法

① 在每片面包的内侧涂上黄油。

② 在下面的面包上放上奶酪切片和牛油果薄切片，撒上盐和胡椒。

③ 盖上上面的面包，用热平底锅将两面都烤到焦黄。

金枪鱼橄榄

诀窍是金枪鱼的油脂和水分要事先去除。
橄榄的话，依照喜好使用绿橄榄也很美味。

材料

英式松饼 ....1 个
金枪鱼罐头 ....2 大勺
黑橄榄（没有种子）....................4 个
奶酪切片 ....1 片
黄油 ....适量
盐、胡椒 ....适量

做法

① 将英式松饼水平切开，在切面上涂
　 抹黄油。
　 金枪鱼去除油脂和水分。
　 将橄榄切成薄片。

② 在下面的面包上放上奶酪、金枪
　 鱼、橄榄，撒上盐和胡椒。

③ 盖上上面的面包，用热平底锅将两
　 面都烤到焦黄。

三色红辣椒

将红辣椒尽可能切薄，这样才能充分传导热量。
芥末粒可以为整体提味。

材料

8 片装吐司面包 ....2 片
黄色、红色、橙色的红辣椒..各 1/6 个
芝士碎 ....2 大勺
芥末粒 ....1 大勺
黄油 ....适量
盐、胡椒 ....适量

做法

① 在每片面包的内侧涂上黄油。将所
　 有红辣椒全部切成薄片。

② 在下面的面包上涂上芥末粒，将切
　 成薄片的红辣椒放在中央。在红辣
　 椒上撒上盐和胡椒。将用料围绕在
　 中间，四周撒上芝士碎。

③ 盖上上面的面包，用热平底锅将两
　 面都烤到焦黄。

梅干玄米

仅梅干和玄米就很美味了，
再加上烤到焦黄的面包和奶酪，就无敌了！

材料

8 片装吐司面包	2 片
蜂蜜梅干	2 个
玄米（煮好的）	1/2 碗
奶酪切片	1 片
黄油	适量

做法

① 在每片面包的内侧涂上黄油。梅干去掉种子，用菜刀背拍碎。

② 在下面的面包上，叠放上奶酪切片、玄米、梅干。

③ 盖上上面的面包，用热平底锅将两面都烤到焦黄。

蛋黄酱纳豆

用小粒纳豆就无须担心纳豆的刺鼻气味了。
使用芥末蛋黄酱也很美味！

材料

8 片装吐司面包	2 片
奶酪切片	1 片
纳豆	1 袋
酱油	1/2 小勺
调制好的芥末	1/4 小勺
蛋黄酱	1 大勺
黄油	适量

做法

① 在每片面包的内侧涂上黄油。将纳豆、酱油、调制好的芥末混合搅拌在一起。

② 在下面的面包上放上奶酪切片，在它上面放上①，再挤上蛋黄酱。

③ 盖上上面的面包，用热平底锅将两面都烤到焦黄。

温泉鸡蛋

即使不做荷包蛋，
温泉鸡蛋也能轻松品尝到黏糊糊的蛋黄。

材料

英式松饼	1 个
温泉鸡蛋	1 个
芝士碎	2 大勺
盐、胡椒	适量
黄油	适量

做法

① 将英式松饼水平切开，在切面上涂上黄油。

② 在下面的面包内侧四周像搭台一样堆上芝士碎，在中央卧一个温泉鸡蛋。在温泉鸡蛋上撒上盐和胡椒。

③ 轻轻盖上上面的面包，用热平底锅小火烤几分钟，用铲子用力从上面往下压松饼，将流出的蛋黄涂在面包上，再两面烤到焦黄。

* 也可以根据喜好，不破坏蛋黄，轻轻烤一下两面就吃。

玉米

是一种玉米的甜香非常明显的三明治。
奶酪切片也可以只用其中某一种。

材料

8 片装吐司面包 .... 2 片
玉米（粒）................................ 1/2 杯
奶酪切片 .... 1 片
切达奶酪切片 .... 1 片
蛋黄酱 .... 1 大勺
粗制胡椒 .... 适量
黄油 .... 适量

做法

① 在每片面包的内侧涂上黄油，再在上面抹上蛋黄酱。

② 在下面的面包上放上奶酪切片、玉米，撒上粗制胡椒，再叠放上切达奶酪切片。

③ 盖上上面的面包，用热平底锅将两面都烤到焦黄。

鸡肉

白色柔软的蒸鸡，
是让大人小孩都会很开心的人气夹料。

材料

法棍面包 .... 15cm 左右长
蒸鸡 .... 4 片
奶酪切片 .... 1 片
生菜 .... 1 片
芥末粒 .... 1 大勺
酱油 .... 1 小勺
黄油 .... 适量

做法

① 将法棍面包水平切开，在切面上涂上黄油。将芥末粒和酱油混合搅拌。

② 在下面的面包上叠放上生菜、奶酪切片和蒸鸡。

③ 盖上上面的面包，用热平底锅烤到焦黄。

番茄

以番茄为主、水分较多的料，
可使用芯较硬的面包，就不至于变得太过湿软。

材料

法棍面包 .... 15cm 左右长
番茄切片 .... 3 片
芝士碎 .... 1/4 杯
比萨酱 .... 2 大勺
黄油 .... 适量

做法

① 将法棍面包水平切开，在切面上涂上黄油，再在上面涂上比萨酱。

② 在下面的面包上叠放上芝士碎、番茄切片。

③ 盖上上面的面包，用热平底锅烤到焦黄。

红糖

红糖本身所拥有的浓郁的甜味，
与芝士的咸味组合在一起，非常美妙。

材料

8片装吐司面包	2片
红糖	1大勺
奶酪切片	1片
奶油奶酪	2大勺

做法

① 使奶油奶酪在室温下软化，将其薄薄地涂在每片面包的内侧。

② 在下面的面包上放上奶酪切片，整体薄薄地撒上一层红糖。

③ 盖上上面的面包，用热平底锅将两面都烤到焦黄。

甜酱

粗粒砂糖是味道的关键，
推荐使用少盐的酱。

材料

8片装吐司面包	2片
黄酱	1大勺
蜂蜜	1大勺
粗粒砂糖	2小勺
奶酪切片	1片
黄油	适量

做法

① 在每片面包的内侧涂上黄油。将黄酱和蜂蜜混合在一起。

② 在下面的面包上放上奶酪切片，将蜂蜜黄酱薄薄地均匀地涂抹在上面。

③ 在②上面撒上粗粒砂糖，盖上上面的面包，用热平底锅将两面都烤到焦黄。

炼乳

似乎要着迷于绝妙的甜咸的平衡了！
是一种面包的香气也得到衬托的简单的烤三明治。

材料

8片装吐司面包	2片
炼乳	2大勺
奶油奶酪	1大勺
奶酪切片	1片

做法

① 使奶油奶酪在室温下软化，将其薄薄地涂在每片面包的内侧。

② 将奶酪切片放在下面的面包上，滴上炼乳。

③ 盖上上面的面包，用热平底锅将两面都烤到焦黄。

 # 玫瑰酱

含有花瓣的玫瑰酱在进口食品店里可以找到。
在口中蔓延的香气让人陶醉。

材料

英式松饼 .... 1 个
玫瑰酱 .... 2 大勺
奶酪切片 .... 1 片
欧芝挞奶酪（Ricotta Cheese）
.... 1 大勺
黄油 .... 适量

做法

① 将英式松饼水平切开，在切面上涂上黄油。

② 在下面的面包上放上奶酪切片，再在上面叠放上欧芝挞奶酪和玫瑰酱。

③ 盖上上面的面包，用热平底锅将两面都烤到焦黄。

 # 干无花果

无花果富含植物纤维和矿物质，
那种咯吱咯吱的口感也让人很愉悦！

材料

英式松饼 .... 1 个
干无花果 .... 3 个
欧芝挞奶酪（Ricotta Cheese）2 大勺
奶酪切片 .... 1 片
黄油 .... 适量（做法）

① 将英式松饼水平切开，在切面上涂上黄油。

② 在下面的面包上放上奶酪切片，再放上切碎的干无花果和欧芝挞奶酪。

③ 盖上上面的面包，用热平底锅将两面都烤到焦黄。

 # 菠萝

新鲜的菠萝有着与菠萝罐头不同的美味！
略硬的果肉加热后会更甜。

材料

8 片装吐司面包 .... 2 片
菠萝切片 .... 1 人份
脱脂乳酪 .... 2 大勺
奶酪切片 .... 1 片
黄油 .... 适量

做法

① 在每片面包的内侧涂上黄油。

② 在下面的面包上放上奶酪切片，再叠放上已切成大小方便食用的菠萝块和脱脂乳酪。

③ 盖上上面的面包，用热平底锅将两面都烤到焦黄。

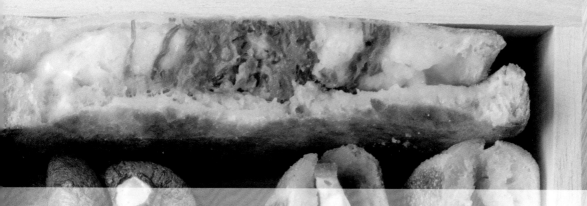

如果把周游世界用三明治来呈现，可能是什么感觉？将每个国家被人喜爱的料理都做成烤三明治。这个食谱使用容易入手的食材，量少而又简单，所以遥远国家的味道也可以轻松地大口品尝！

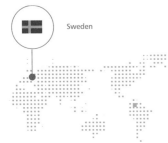

Sweden

肉圆

苹果莓就是指覆盆子。

也可以用蔓越莓果酱来代替。

Ⓐ　Ⓑ　Ⓒ

材料

8 片装吐司面包..........................2 片
黄油 ....适量
酸黄瓜 ....细细的 4 根
覆盆子果酱 ....1 大勺
·肉圆材料（简单制作的分量）·
牛肉馅 100g
猪肉馅 100g
鸡蛋 ....1 个
牛奶 100cc
洋葱碎末 ....2 大勺
面包粉 ....2 大勺
土豆泥 ....2 大勺
盐、胡椒 ....少量
多香果粉 ....依喜好少量
低筋面粉 ....适量
黄油 ....1 大勺
·酱料·
鲜奶油 ....2 大勺

牛骨汤 80cc
盐、胡椒 ....适量
低筋面粉 ....1 大勺

肉圆的做法

① 将一大勺黄油放在平底锅中加热，
将洋葱碎末炒到变成米黄色。

② 将除低筋面粉以外的材料混合搅拌
到顺滑状态，用盐和胡椒来调味。

③ 依照喜好加入多香果粉，进一步
搅拌食材，变黏时把它们攒成球
状，用滤茶网将低筋面粉撒上去。
（图Ⓐ）

④ 用平底锅加热黄油（定量外），用
小火慢慢烤。

肉圆酱料的做油

① 将放入耐热容器中的牛骨汤用微
波炉加热煮沸，从微波炉中取出，
放入鲜奶油。（图Ⓑ）

② 放入足量的盐和胡椒来调味，加入
低筋面粉充分混合。

③ 再次加热，使其变黏稠。

做成三明治

① 在每片面包的内侧涂上黄油。

② 在下面的面包上放上肉圆，再加上
足量的酱料。（图Ⓒ）

③ 盖上上面的面包，用热平底锅来烤。

* 作为配菜，可将酸黄瓜（细细的 4
根）和覆盆子果酱（1 大勺）一起
夹在中间来烤。

鱼排风味的奶酪蛋黄酱

法式牛角面包增添了面包本身的味道。
是中间料很足的三明治。

材料

法棍面包 ....15cm 左右长

法式牛角面包 ....1 个

白肉鱼块 ....1 片

黄油 ....1 小勺

大蒜 ....1 瓣

雪维菜 ....适量

·奶酪蛋黄酱用料·

低筋面粉 ....1 小勺

黄油 5g

牛奶 50cc

红切达奶酪 ....切成细碎 1 大勺

格吕耶尔奶酪
　　..........做成芝士碎或者切碎 1 大勺

鲜奶油 ....2 小勺

盐、胡椒 ....少量

做法

① 将法棍面包和牛角面包水平切开，在切面上涂上黄油（定量外）。将平底锅加热，放入黄油和大蒜，散发出香气后，放入白肉鱼块，两面煎烤，然后取出放到盘子中。（图 Ⓐ）

② 制作奶酪蛋黄酱。用①中使用的平底锅将黄油溶化，加入低筋面粉用小火烤。等粉状物消失后，一点一点地倒入牛奶充分搅拌。

③ 加入两种奶酪和鲜奶油，再用盐和胡椒来整合味道。（图 Ⓑ）

④ 在白肉鱼块和一半的奶酪蛋黄酱上散上雪维菜，用牛角面包夹起来，在法棍面包的切面上涂上剩下的奶酪蛋黄酱。（图 Ⓒ）

⑤ 将 ④ 法棍面包再夹起来，用热平底锅来烤。

火腿与酸洋白菜

为了和酸洋白菜的酸味相匹配，
火腿务必使用较厚的切片。

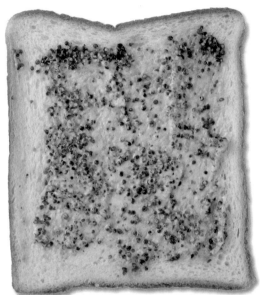

Ⓐ

Ⓑ

Ⓒ

材料

8 片装吐司面包	2 片
火腿厚切片	1 片
酸洋白菜	1/4 杯
奶酪切片	1 片
芥末	1 大勺
蛋黄酱	1 大勺
黄油	适量

＊做酸洋白菜，本来要让腌制洋白菜
发酵一周以上，但也可以简单制
作。这里主要介绍简易的酸洋白菜
的制作方法。

· 酸洋白菜的做法 ·

材料：洋白菜 1/8 个，盐、砂糖、
粗制胡椒各一小撮，醋 1 大
勺，月桂叶 1 片，香菜籽一
小把。

① 将洋白菜切成粗丝。（图Ⓐ）
② 将除此之外的食材混合，用微波炉
加热煮沸。（图Ⓑ）
③ 将 ① 和 ② 混合，充分搅拌，在冰
箱里放置半天。（图Ⓒ）

做法

① 在每片面包的内侧涂上黄油，再涂
上芥末和蛋黄酱。
② 在下面的面包上放上奶酪切片，上
面再放上表面无水分的酸洋白菜。
③ 在②的上面放上火腿厚切片，再盖
上上面的面包。
④ 用热平底锅将两面都烤到焦黄。

 Spain

蒜香章鱼

蒜香料理简单又美味，在日本也很受欢迎。
章鱼要使用新鲜的，注意不要加热过度。

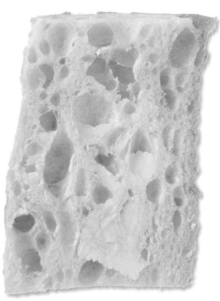

材料

法棍面包 .... 15cm 左右长
章鱼（刺身用的、水煮）
.... 10cm 左右长
蒜末 .... 1/2 瓣
西芹碎屑 .... 1 大勺
盐、胡椒 .... 适量
橄榄油 .... 1 大勺
黄油 .... 适量

做法

① 将章鱼切成大块。（图Ⓐ）
② 用平底锅将橄榄油加热，放入切碎
   的大蒜和①，散发出香气。（图Ⓑ）
③ 撒上盐和胡椒，关火，再加入西芹
   碎屑混合搅拌。（图Ⓒ）
④ 将法棍面包水平切开，在切面上薄
   薄地涂上一层黄油，将③夹在中
   间，用热平底锅来烤。

＊ 不要洗炒过蒜末的锅，直接用来烤
   面包，蒜香味会转移到法棍面包上

白酒蒸贻贝

将比利时的代表料理做成三明治。
请注意不要过度加热，防止贝肉变硬。

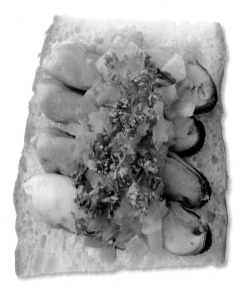

材料

法棍面包 .... 15cm 左右长

贻贝 .... 200g（5~8 个）

白酒 .... 1/4 杯

水 .... 1 大勺

洋葱碎末 .... 2 大勺

胡萝卜碎末 .... 2 大勺

芹菜碎屑 .... 2 大勺

西芹碎屑 .... 2 小勺

黄油 .... 适量

盐、胡椒 .... 各一小撮

做法

① 将贻贝壳上的污渍洗掉，用淡盐水（定量外）浸泡 30 分钟以上，将水倒掉。（图Ⓐ）

② 用锅加热黄油，炒洋葱碎末、胡萝卜碎末和芹菜碎屑。（图Ⓑ）

③ 将各种蔬菜拌炒一下后，放入贻贝，加入白酒和水。（图Ⓒ）

④ 用中小火加热大约 5 分钟，直到贻贝的口张开。尝下菜汁的味道，用盐和胡椒来调味。等余温散去，将贻贝的壳剥掉。

⑤ 将法棍面包水平切开，在切面上涂上黄油。在下面的面包上放上 ④，撒上西芹碎屑。

⑥ 盖上上面的面包，用热平底锅来烤。

Ireland

炖牛肉

使用黑啤制作的炖牛肉。
为了方便操作要用低筋面粉勾芡。

Ⓐ

Ⓑ

Ⓒ

材料

英式松饼 ....1 个
黄油 ....适量
·炖牛肉材料（简单制作的分量）·
牛肉（红肉）..................100g
洋葱 .... 小个的 1/2 个
胡萝卜 .... 10cm 左右长
芹菜 .... 10cm 左右长
黄油 ....1 大勺
吉尼斯（Guinness）黑啤 100ml
汤料 100ml
半冰沙司（Demi-glace Sauce）......50cc
★ ┌ 胡萝卜 ....少量
  │ 英国辣酱油 ....1 小勺
  │ 红辣椒粉、干百里香、肉豆蔻粉、
  │ 干牛至 ....各一小撮
  └ 盐、胡椒 ....各一小撮

做法

① 将牛肉切成块，将★的食材合在一起，揉到牛肉中去，放置一晚。（图Ⓐ）

② 平底锅中放入黄油加热，用大火将①烤出焦痕。将洋葱、胡萝卜和芹菜切成方便食用的大小，加进去，用盐和胡椒调底味。加入吉尼斯黑啤和汤料，再加入半冰沙司一起煮。（图Ⓑ）

③ 肉和蔬菜都变软之后，将②的三大勺汤汁倒入耐热容器中，再加入一小勺低筋面粉（定量外）充分搅拌后，用微波炉加热（微波炉强力加热约 30 秒），做成芡汁。

④ 将英式松饼水平切开，在切面上涂上黄油。

⑤ 从②中取出适量的肉和蔬菜，放到下面的面包上，再浇上③。（图Ⓒ）

⑥ 盖上上面的面包，用热平底锅来烤。溢出的汤汁，用铲子蹭到松饼上，会香气更盛。

＊由于是为了配合制作三明治，所以只用了少量食材，如果做炖牛肉，要用五倍的食材来做，咕嘟咕嘟煮几个小时会更加美味。

卡布里沙拉

要做成烤三明治，
马苏里拉奶酪溶化后会更加美味！

材料

法棍面包 ....15cm 左右长
马苏里拉奶酪 ....3 片
切片番茄 ....1 小片
罗勒叶 ....4 片
特级初榨橄榄油 ....1 大勺
盐、胡椒 ....适量
黄油 ....适量

做法

① 将法棍面包水平切开，在切面上涂上黄油。（图Ⓐ）

② 在下面的面包上叠放上马苏里拉奶酪、切片番茄、罗勒叶，撒上盐和胡椒。（图ⒷⒸ）

③ 在②上面滴上特级初榨橄榄油。

④ 盖上上面的面包，用热平底锅将两面都烤到焦黄。

＊也可以用柑橘和牛油果等代替番茄夹在中间。（图Ⓓ）

鱼籽沙拉

如果使用土豆泥的话就很简单！
推荐使用足量的西芹。

Ⓐ

Ⓑ

Ⓒ

材料

8 片装吐司面包	2 片
鳕鱼子	半块
土豆泥	1/4 杯
鲜奶油	1 大勺
牛奶	2 大勺
西芹碎屑	2 小勺
盐、胡椒	适量
黄油	适量

做法

① 在土豆泥中加入温热的鲜奶油和牛奶。（图Ⓐ）

② 将整理好的鳕鱼子和切碎的西芹加入①中混合搅拌，用盐和胡椒调味。（图ⒷⒸ）

③ 在每片面包的内侧涂上黄油。

④ 在下面的面包上放上 ②，盖上上面的面包。用热平底锅将两面都烤到焦黄。

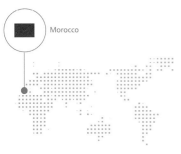

鸡肉蒸粗麦粉（COUSCOUS）

具有民族特色的美味的三明治。
超级喜欢里面的橄榄！

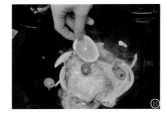

材料

8 片装吐司面包	2 片
鸡腿肉	1/2 块
洋葱切片	1/4 杯
无农药添加的柠檬切片	3 片
无核绿橄榄	4 个
白酒	1 大勺
橄榄油	1 小勺
蒜末	1/2 小勺
盐	一小撮
蒸粗麦粉	2 大勺
热水	2 大勺
黄油	适量

做法

① 将鸡腿肉腌制，室温下放置一个小时。在平底锅中放入橄榄油加热，将鸡腿肉去皮放入，用大火将两面烤得变色。（图Ⓐ）

② 加入蒜末和洋葱切片一起炒。

③ 加入白酒、绿橄榄和柠檬切片，盖上锅盖，用小火焖15分钟左右。（图Ⓑ）

④ 将粗麦粉放入耐热容器，倒入热水，覆上保鲜膜，用微波炉加热20秒，然后就那样焖着。（图Ⓒ）

⑤ 在每片面包的内侧涂上黄油。在下面的面包上将④铺开，放上③。

⑥ 盖上上面的面包，用热平底锅将两面都烤到焦黄。

27

蚕豆沙司

在埃及，它被称为"弗鲁·米达弥斯"。
简单的美味衬托出面包的香气。

Ⓐ Ⓑ

Ⓒ

材料

8 片装吐司面包	2 片
蚕豆	加热之后净重 50g
洋葱丝	1/4 杯
盐	一小撮
水	30cc
特级初榨橄榄油	几滴
柠檬汁	几滴
奶酪切片	1 片
黄油	适量

做法

① 在耐热容器中放入已加热的蚕豆、洋葱丝、盐和水。(图Ⓐ)

② 轻轻地覆上保鲜膜，用微波炉强力加热 2 分钟左右。(图Ⓑ)

③ 用捣碎器和叉子背把豆子大致捣碎。(图Ⓒ)

④ 加入特级初榨橄榄油和柠檬汁混合搅拌。(图Ⓓ)

⑤ 在每片面包的内侧涂上黄油，在下面的面包上叠放上奶酪切片和④。

⑥ 盖上上面的面包，用热平底锅将两面都烤到焦黄。

Ⓓ

土耳其烤羊肉

为了方便食用，要用切成薄片的羊羔肉来做。
放入冰箱腌制一晚，肉就会很入味了。

材料

英式松饼 ....1 个
黄油 ....适量
·烤肉材料（方便制作的分量）·
薄切羊肉 100g

★
┌ 洋葱碎末 ....2 大勺
│ 橄榄油 ....1 小勺
│ 酸奶 ....1 小勺
│ 番茄酱 ....1 小勺
│ 蒜末 ....1/2 小勺
│ 干牛至、多香果粉 ....各一小撮
└ 盐、胡椒 ....各一小撮

┌ 切成大块的番茄 ....1/2 个
│ 橄榄油 ....1 小勺
◆ 番茄酱 ....1 小勺
│ 柠檬汁 ....1 小勺
└ 辣椒粉 ....一小撮
酸奶 ....2 小勺
生菜 ....1 片

做法

① 将羊肉和标★的食材混合在一起腌
制，放置一小时以上。（图Ⓐ）

② 将标◆的食材混合在一起。（图Ⓑ）

③ 用平底锅煎①。

④ 将英式松饼水平切开，在切面上涂
上黄油，在下面的面包上放上生
菜，将③适量放上去。倒上◆的
酱汁，上面再倒上酸奶。（图Ⓒ）

⑤ 盖上上面的面包，用热平底锅将两
面都烤到焦黄。

＊可以只夹上肉来烤，也可以放上
酱汁和酸奶来烤。

煎鸡蛋卷（福里塔亚）

斯洛文尼亚语中，"福里塔亚"是指煎鸡蛋卷。

芦笋和烟熏培根是很受欢迎的组合。

材料

8 片装吐司面包	2 片
黄油	适量

*煎鸡蛋卷材料

芦笋	6 根
鸡蛋	LL 尺寸的 1 个
烟熏培根	3cm 左右
鲜奶油	1 大勺
蒔萝（新鲜的）	切好的 1 大勺
盐	一小撮
粗制黑胡椒	一小撮

做法

① 将芦笋切成 3cm 左右的长度，焯得稍硬些。将烟熏培根切成长条状。

② 将鸡蛋打到碗里搅拌，加入鲜奶油、盐、粗制黑胡椒充分搅拌。加入蒔萝、芦笋，全部拌入蛋液中。（图Ⓐ）

③ 用热平底锅炒培根，炒出油。

④ 培根产生的油就留在锅里，将③的培根取出，加入②搅拌。（图Ⓑ）

⑤ 再度加热平底锅，倒入④，趁着鸡蛋还未成形时，将培根拢到中央，做成煎鸡蛋卷的形状。（图Ⓒ）

⑥ 在每片面包的内侧涂上黄油，将⑤放到下面的面包上。

⑦ 盖上上面的面包，用热平底锅将两面都烤到焦黄。

*《尺寸：日本鸡蛋的规格标准 LL（68g~74g），L（62g~68g）M（57g~62g），MS（51g~57g），S（45g~51g），SS（39g~45g）》

Bulgaria

烤茄子

新鲜的莳萝和蒜的香气，
使清淡的烤茄子的味道变得浓郁。

Ⓐ

Ⓑ

Ⓒ

Ⓓ

材料

法棍面包 ....15cm 左右长
黄油 ....适量
茄子 ....1 根
★ 酸奶 ....1/4 杯
　 蒜末 ....1/4 小勺
　 莳萝（新鲜的）...................1 小勺
　 盐 ....一小撮

做法

① 将茄子切成厚度为 1cm 左右的薄片，
　撒上盐（定量外），放 10 分钟左右，
　用纸巾等擦干表面水分。（图Ⓐ）
② 将★的食材混合在一起。（图Ⓑ）
③ 用烤面包机烤①。（图Ⓒ）
④ 将法棍面包水平切开，在切面上涂
　上黄油。在下面的面包上摆上③，
　倒上②。（图Ⓓ）
⑤ 盖上上面的面包，用热平底锅烤到
　焦黄。

胡姆斯（Hummus）

在以中东为中心的广地域很受欢迎的一种酱料，
实际上使用了日本人也很熟悉的某种食材。

材料

英式松饼 ....1 个
黄油 ....适量

* 胡姆斯材料

水煮鹰嘴豆 .... 1/2 杯
大葱 ....5cm 左右长
蒜末 .... 1/2 小勺
酸奶 ....1 大勺
熬好的白芝麻糊 ....1 大勺
柠檬汁 ....1 小勺
西芹碎屑 ....1 小勺
盐、胡椒 ....各一小撮

做法

① 将大葱切成一口大小。（图Ⓐ）
② 将胡姆斯的食材全部混合。（图Ⓑ）
③ 用手动搅拌器搅拌或者用捣碎器捣碎。（图Ⓒ）
④ 将英式松饼水平切开，在切面上涂上黄油。将③放在下面的面包上。
⑤ 盖上上面的面包，用热平底锅将两面都烤到焦黄。

33

Russia

烤包子

不含粉丝的烤包子，是俄罗斯的主流美食。
用吐司面包来愉快地享受一下近乎正宗的风味吧！

材料

8片装吐司面包..........................2 片
黄油..适量
·烤包子材料·
牛肉馅......................................80g
洋葱碎末..............................1/4 杯
粗洋白菜丝..................................1 杯
水煮蛋..1 个
植物油......................................1 小勺
盐、胡椒......................................少量
番茄酱....................................1 大勺

做法

① 把水煮蛋用叉子背等大致捣碎。
（图Ⓐ）

② 用平底锅加热植物油，炒牛肉馅和
洋葱碎末。（图Ⓑ）

③ 在 ② 中加入洋白菜、盐、胡椒、
番茄酱，迅速翻炒。（图Ⓒ）

④ 关火，加入①混合搅拌。（图Ⓓ）

⑤ 在每片面包的内侧涂上黄油，将
④ 放到下面的面包上。

⑥ 盖上上面的面包，用热平底锅将两
面都烤到焦黄。

参巴酱炒虾

不太能吃辣的人，可以减少参巴酱的用量。

宾治（Punch）在味道中发挥了作用，很有东南亚的风味。

材料

8 片装吐司面包	2 片
黄油	适量
虾（黑虎虾）	6 只
参巴酱（市售品）	1 大勺
花生	碎末 1 大勺
生菜	2 张
无农药柠檬	两片

做法

① 除去虾线，把虾放入热油中，然后马上捞起来。（图Ⓐ）

② 将剩余的油倒掉，把参巴酱放入锅中。（图Ⓑ）

③ 将虾重新放入锅中，迅速翻炒。（图Ⓒ）

④ 在每片面包的内侧涂上黄油，在下面的面包上放上生菜，将③放上去。（图Ⓓ）

⑤ 叠放上柠檬切片，撒上花生碎。盖上上面的面包，用热平底锅将两面都烤到焦黄。

Vietnam

越式法包

在越南，越式法包也是所有面包的总称。
里面夹有大量的蔬菜，非常健康。

Ⓐ

Ⓑ

Ⓒ

材料

法棍面包 ....15cm 左右长
火腿 ....2 片
肝酱 ....2 大勺
胡萝卜去皮、用削皮器削成丝
.... 1/2 杯
萝卜用削皮器削成丝 .... 1/2 杯
寿司醋 ....1 大勺
香菜 .... 切碎的 1/4 杯
越南鱼酱 ....少许
辣调味酱 .... 依喜好放少量
洋葱切丝 ....1/4 杯
生菜 ....1 片
黄油 ....适量

做法

① 将胡萝卜和萝卜放入碗里，用寿
　司醋拌在一起，放一个小时左右。
　（图Ⓐ）
② 将①多余的水分挤出去。
③ 将法棍面包水平切开，在切面上涂
　上黄油。再涂上肝酱。（图Ⓑ）

④ 将生菜、火腿、洋葱片、②和香
　菜叠放上去。撒上越南鱼酱，再
　依喜好放上辣调味酱。（图Ⓒ）
⑤ 盖上上面的面包，用热平底锅烤到
　两面焦黄。

Malaysia

乌达乌达
（OTAK-OTAK）

乌达乌达中柠檬草和调味料的香气很清爽。
涂上辣椒番茄酱再烤一次，会更增加美味！

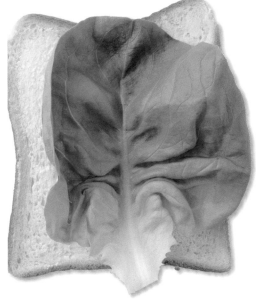

Ⓐ

Ⓑ

Ⓒ

材料

8 片装吐司面包	2 片
黄油	适量

*乌达乌达材料

白肉鱼糜	120g
植物油	1 小勺
洋葱碎末	1 大勺
蒜末	1/2 小勺
柠檬草（新鲜的）	碎末 1 小勺
盐、胡椒	各一小撮
砂糖	一小撮
姜黄	一小撮

小茴香粉	一小撮
椰奶	2 小勺
辣椒番茄酱（市售品）	1 小勺
生菜	1 片

做法

① 将白肉鱼糜和植物油混合。加入洋葱碎末、蒜末、柠檬草碎末、盐、胡椒和砂糖，慢慢调和。

② 将姜黄和小茴香粉加入 ① 中，进一步充分调和。（图Ⓐ）

③ 将 ② 做成小圆形，用平底锅两面煎。（图Ⓑ）

④ 将椰奶和辣椒番茄酱的混合物薄薄地涂在 ③ 的表面，再迅速地烤一次。（图Ⓒ）

⑤ 在每片面包的内侧涂上黄油，在下面的面包上放上生菜和④。

⑥ 盖上上面的面包，用热平底锅将两面都烤到焦黄。

India

酸奶烤鸡

香料的香味让人食欲大开，
是充满异国情调的烤三明治。

材料

英式松饼	1 个
鸡胸肉	1/2 块
洋葱	小 1/2 个
┌ 老酸奶	60cc
盐	一小撮
咖喱粉	1 大勺
大蒜	1/2 瓣
★ 姜	1 片
姜黄	1 小勺
三味混合香辛料（Garam Masala）	
	1 小勺
└ 盐、胡椒	少量

色拉油	1 小勺
黄油	适量

做法

① 将标★的食材全部混合，用手动搅拌器等打成菜泥状。（图Ⓐ）

② 将鸡胸肉切成可一口吃掉的大小，放入①中腌制一个小时以上。（图Ⓑ）

③ 将①从鸡胸肉的表面轻轻去除，用平底锅加热色拉油，把鸡肉煎烤到焦黄。（图Ⓒ）

④ 将英式松饼水平切开，在切面上涂上黄油。

⑤ 在下面的面包上放上③，盖上上面的面包，用热平底锅两面煎烤。

菲律宾卤肉（Adobo）

菲律宾卤肉在做好后好几天内味道也保存得很好，依旧可以很美味。
也很推荐用剩余的菜汁来煮蔬菜。

材料

8 片装吐司面包...........................2 片
黄油 ....适量
·菲律宾卤肉材料（简单制作的分量）·
猪五花肉块 150g
土豆 .... 小个的 1 个
洋葱丝 ....1/2 杯
蒜片 ....1 瓣
盐、胡椒 ....各一小撮
酱油 ....1 大勺
醋 ....1 大勺
植物油 ....1 小勺
水 50cc

做法

① 将猪五花肉块和土豆切成方便食用
的大小。（图Ⓐ）

② 用平底锅加热植物油，炒土豆。
再加入蒜、洋葱丝和猪肉翻炒。
（图Ⓑ）

③ 放入醋、水和酱油，盖上盖子用中
小火煮 10 分钟，用盐和胡椒来调
味，再煮 10 分钟。（图Ⓒ）

④ 在每片面包的内侧涂上黄油，在下
面的面包上放上③的料。

⑤ 盖上上面的面包，用热平底锅将两
面都烤到焦黄。

紫菜包饭

此三明治切面的色彩很华丽，包含充足的蔬菜。
也可用蟹肉棒和牛肉片来代替午餐肉。

Ⓐ

Ⓑ

Ⓒ

材料

8 片装吐司面包............................2 片
黄油 ....适量
烤紫菜片 ....1 片
胡萝卜丝 ....1/4 杯
午餐肉切成长条.............................30g
腌萝卜切成长条.............................30g
菠菜焯一下去除水分.....................30g
鸡蛋 ....1 个
芝麻粉 ....1 小勺
酱油 ....1/2 小勺
芝麻油 ....2 小勺
盐 ....一小撮

做法

① 将鸡蛋搅拌开，放一小勺芝麻油到
  热平底锅中摊鸡蛋。（图Ⓐ）

② 在菠菜上撒上酱油和芝麻粉搅拌。
  （图Ⓑ）

③ 垫平底锅中放一小勺芝麻油，将
  午餐肉和胡萝卜丝放入拌炒，撒
  上盐。

④ 在每片面包的内侧涂上黄油，在下
  面的面包上放上烤紫菜叶的一半，
  将①、②、③和腌萝卜五颜六色
  地搭配在一起。（图Ⓒ）

⑤ 盖上上面的面包，用热平底锅将两面
  都烤到焦黄。

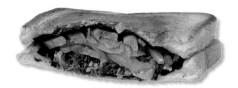

羔羊肉和薄荷酱

制作大量的薄荷酱，可以冷藏保存。
蔬菜和肉可以按照两三天左右的量来准备。

Ⓐ Ⓑ Ⓒ

材料

法棍面包	15cm 左右长
黄油	适量
带骨的羔羊排骨肉	2~3 根
洋葱	切成梳子形小个的 1/4 个
盐	一小撮
白胡椒	一小撮
橄榄油	1 小勺

·薄荷酱材料（简单制作的分量）·

薄荷叶碎屑	2 杯
盐	2 小勺
砂糖	2 小勺
橄榄油	4 大勺
白酒醋	4 大勺

做法

① 将薄荷酱的材料全部混合，用手动搅拌器等搅拌或用蒜臼捣碎。（图Ⓐ）

② 在羔羊肉上揉进盐和白胡椒腌制。（图Ⓑ）

③ 加热平底锅，倒入橄榄油，用大火将羔羊肉的表面烤到焦黄，加入洋葱，炒到透明。（图Ⓒ）

④ 将法棍面包水平切开，在切面上涂上黄油。在下面的面包上放上羔羊肉和洋葱，再加上①。

⑤ 盖上上面的面包，用热平底锅烤至双面焦黄。

干酪浇肉汁土豆条

"加拿大人想到的国民食品"第一位，就是这个干酪浇肉汁土豆条。
请做成烤三明治享受一下热着吃的感觉！

材料

8 片装吐司面包 ....2 片

黄油 ....适量

土豆 ....一个小的

炸东西用的油 ....适量

格吕耶尔奶酪 .... 芝士碎 2 大勺

肉汁（市售品）.........................2 大勺

做法

① 将土豆切成梳子形，用加热到180℃
　左右的热油炸到焦黄。（图Ⓐ）

② 在每片面包的内侧涂上黄油。

③ 在下面的面包上放上 ①，零星放
　上一半格吕耶尔奶酪。（图Ⓑ）

④ 将肉汁浇到③的上面，将剩下的格
　吕耶尔奶酪再散放放上去。（图Ⓒ）

⑤ 盖上上面的面包，用热平底锅烤至
　两面焦黄。

牛油果酱

番茄、柠檬等是水分较多的料。
用大火将面包两面迅速烤得变色。

Ⓐ　　　　　　Ⓑ　　　　　　Ⓒ

材料

8 片装吐司面包 ....2 片
黄油 ....适量
生菜 ....2 片
* 牛油果酱材料
牛油果 ....1/2 个
番茄 ....1/4 个
洋葱碎末 ....1 大勺
蒜末 ....1/2 小勺
柠檬汁 ....1 小勺
蛋黄酱 ....2 小勺
盐、胡椒 ....各一小撮
塔巴斯科辣酱 ....依照喜好取适量

做法

① 将牛油果切成方便食用的大小，用
叉子背和捣碎器大致捣碎，和柠
檬汁混在一起。（图Ⓐ）

② 将番茄切成小块。（图Ⓑ）

③ 将牛油果酱的材料全部拌在一起。
（图Ⓒ）

④ 在每片面包的内侧涂上黄油。在下
面的面包上放上生菜，里面盛上
③。再盖上一片生菜。

⑤ 盖上上面的面包，用热平底锅来烤。

费乔亚达 (Feijoada)

这对巴西人来说是"妈妈的味道"。
如果用黑豆罐头，会省时又简单！

材料

8 片装吐司面包	2 片
黄油	适量
生菜	2 片
黑豆（罐头）	1/2 罐
较厚的培根切成长条状	1 大勺
香肠圆切片	1 根
大蒜	1 瓣
洋葱碎末	2 大勺
盐、胡椒	各两小撮
月桂叶	1 小片
香菜粉	一小撮
辣椒粉	一小撮
汤料颗粒	1/2 小勺
水	50cc

做法

① 用热平底锅炒培根，然后取出放到盘子中。

② 用炒培根炒出的油来炒洋葱碎末和蒜，再放回培根一起炒。（图Ⓐ）

③ 将香肠、黑豆、水、汤料颗粒放入②中混合。（图Ⓑ）

④ 将月桂叶、香菜粉、辣椒粉放入③中混合，用小火不盖盖子煮到黏稠状。由于比较容易糊锅，请用木铲时不时翻动一下。用盐和胡椒来调味。（图Ⓒ）

⑤ 在每片面包的内侧涂上黄油。在下面的面包上铺上生菜，盛上放凉的④，再盖上另一片生菜。

⑥ 盖上上面的面包，用热平底锅将两面都烤到焦黄。

Chapter 3 | 使剩余食材更加美味的 17 种烤三明治

只剩下一点儿小菜，很适合做烤三明治中夹的料。就那样夹起来烤也很美味，不过稍微费一点儿工夫就可以让它变得更美味！也许到时你会说："我是为了做烤三明治而剩下的。"

叉烧肉

与芥末粒和奶酪一起烤，
和风叉烧与中式叉烧相比，别有一番风味。

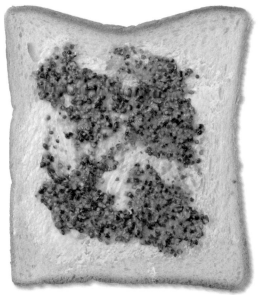

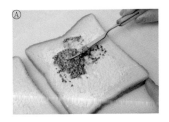

材料

8 片装吐司面包 ....2 片
叉烧肉 ....4 片
红辣椒薄切片 ....1/4 杯
芝士碎 ....2 大勺
芥末粒 ....1 大勺
黄油 ....适量

做法

① 在吐司面包的内侧涂上黄油，再涂上一层芥末粒。（图 Ⓐ）

② 将叉烧肉铺开在下面的面包上。（图 Ⓑ）

③ 将红辣椒薄切片和芝士碎放上去。（图 Ⓒ）

④ 盖上上面的面包，用热平底锅将两面都烤到焦黄。

奶汁烤干酪烩菜

柚子胡椒和白色调味汁的组合意外搭配得很好。
绿紫苏虽然量少，但也很好地发挥了作用。

材料

8 片装吐司面包	2 片
奶汁烤干酪烩菜	1/2 杯
番茄切片	2 片
绿紫苏	1 片
黄油	适量
★ 柚子胡椒	1/4 小勺
酸奶、蛋黄酱	各 2 小勺

* 奶汁烤干酪烩菜：把鱼、肉、蔬菜
 放入烤盘，拌以各种调味汁，涂上
 面包粉和奶酪等，用烤炉烤成黄褐
 色的大菜。

做法

① 在每片面包的内侧涂上黄油。将标
 ★ 的食材充分混合，涂上去。（图
 Ⓐ Ⓑ）

② 将奶汁烤干酪烩菜摊开放在下面的
 面包上。

③ 在 ② 上面叠放番茄切片和
 绿紫苏。（图 Ⓒ）

④ 盖上上面的面包，用热平底锅将两
 面都烤到焦黄。

那不勒斯风意大利面

溶化而溢出的蛋黄和酱汁还有紫菜，
使得那不勒斯风意大利面的番茄酱有了别样风味。

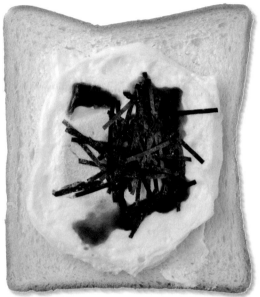

Ⓐ

Ⓑ

Ⓒ

材料

8 片装吐司面包	2 片
荷包蛋	1 个
那不勒斯风意大利面	1/2 杯
切碎的紫菜	两小撮
英国辣酱油	1 小勺
黄油	适量

做法

① 在每片面包的内侧涂上黄油。

② 在下面的面包上放上那不勒斯风
意大利面和荷包蛋。（图ⒶⒷ）

③ 在荷包蛋上滴上英国辣酱油，撒上
切碎的紫菜。（图Ⓒ）

④ 盖上上面的面包，用热平底锅将两
面都烤到焦黄。

炸什锦

由于中间夹的料很容易散，
所以诀窍是，烤的时候按压的时间要长，要用力。

Ⓐ

Ⓑ

Ⓒ

材料

英式松饼 ....1 个
炸什锦 ....1 个
切碎的香菜 ....1 大勺
甜辣酱 ....1 小勺
酸奶油 ....1 大勺
黄油 ....适量

做法

① 将英式松饼水平切开，在切面上涂
上黄油。（图Ⓐ）

② 在下面的面包上放上炸什锦，上面
再放香菜。（图Ⓑ）

③ 将酸奶油放在②上，上面再浇上
甜辣酱。（图Ⓒ）

④ 盖上上面的面包，用热平底锅将两
面都烤到焦黄。

鸡蛋花

"鸡蛋花"多余的水分，用豆腐渣粉来解决！
奶酪和韩国紫菜组合在一起，变成了全新的味道。

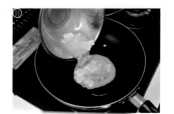

材料

8 片装吐司面包	2 片
黄油	适量
鸡蛋花	1/2 杯
豆腐渣粉	1 大勺
鸡蛋	1 个
奶酪切片	1 片
芝麻油	1 小勺
韩国紫菜	3~4 片

做法

① 将豆腐渣粉混入鸡蛋花中，使其吸收多余的水分。（图Ⓐ）

② 将鸡蛋打到碗里，放入溶化的奶酪切片，用筷子迅速搅拌。（图Ⓑ）

③ 在平底锅中倒入芝麻油加热，将②倒入，整体搅拌。关火，用筷子数次搅拌，利用余温来做炒鸡蛋。（图Ⓒ）

④ 在每片面包的一侧涂上黄油。在下面的面包上摆上韩国紫菜，将①放上去。（图Ⓓ）

⑤ 在④上面再叠放上②。

⑥ 盖上上面的面包，用热平底锅将两面都烤到焦黄。

刺身

前一晚剩余的刺身，今天变身生牛肉片风味。
盐曲会让食物保存更长时间，还会提振味道。

材料

法棍面包	15cm 左右长
刺身	4 片
盐曲	1/2 小勺
酒	1 小勺
炒芝麻	1 小勺
无农药柠檬切片	3 片
切成小块的绿橄榄	1 大勺
橄榄油	适量

做法

① 将法棍面包水平切开，在切面上涂上橄榄油。

② 将刺身涂满盐曲和酒，放入冰箱腌渍一个小时到一个晚上，然后摆在下面的面包上，撒上炒芝麻。将切成小块的绿橄榄和柠檬切片叠放上去。

③ 盖上上面的面包，用热平底锅将两面都烤至变色。

生姜烧

为了不让生姜烧的酱汁使面包变湿软，
加上了土豆泥。

材料

8 片装吐司面包	2 片
生姜烧肉	2 片
土豆泥	1 大勺
芝士粉	1 大勺
生菜	1 片
黄油	适量

做法

① 在每片面包的内侧涂上黄油。在生姜烧肉上撒上土豆泥，搅拌在一起使其吸收掉多余的水分。

② 在下面的面包上放上生菜，放上①，撒上芝士粉。

③ 盖上上面的面包，用热平底锅将两面都烤到焦黄。

煮南瓜

豆腐渣粉可以吸收掉水煮食物多余的水分，
也可以提高其营养价值。

材料

8 片装吐司面包	2 片
煮南瓜大致弄碎	1/2 杯
奶酪块	1 大勺
豆腐渣粉	1 大勺
黄油	适量

做法

① 在每片面包的内侧涂上黄油。在煮南瓜中放入豆腐渣粉，使其吸收掉多余的水分。

② 在下面的面包上放上①，撒上奶酪块。

③ 盖上上面的面包，用热平底锅将两面都烤到焦黄。

咖喱

面包粉能吸收掉夹的料中多余的水分，
可以使量增多，也可提升醇厚的香味。

材料

吐司面包 .... 2 片

凉咖喱 .... 1/2 杯

面包粉 .... 2 大勺

芝士碎 .... 1 大勺

黄油 .... 适量

做法

① 在每片面包的内侧涂上黄油。在
凉咖喱中混入面包粉，使其吸收
多余的水分。

② 在下面的面包上放上①，撒上芝
士碎。

③ 盖上上面的面包，用热平底锅将
两面都烤到焦黄。

日式土豆炖牛肉

熟悉的土豆炖牛肉的味道，
因奶酪切片和辣椒而变得更加美味！

材料

英式松饼 .... 1 个

土豆牛肉大致切碎 .... 1/2 杯

土豆泥 .... 1 大勺

切碎的辣椒 .... 一小撮

奶酪切片 .... 1 片

黄油 .... 适量

芝士碎 .... 2 大勺

做法

① 将英式松饼水平切开，在切面上
涂上黄油。在土豆炖牛肉中掺入
土豆泥，使其吸收多余的水分。

② 在下面的面包上放上奶酪切片，
再放上①的土豆炖牛肉。撒上芝
士碎和切碎的辣椒。

③ 盖上上面的面包，用热平底锅
将两面都烤到焦黄。

摊蛋卷

由于蛋卷本身自带甜味，
所以芝麻沙拉酱要选择不太甜的。

材料

8 片装吐司面包 .... 2 片

蛋卷 .... 4cm 左右长

切碎的红姜 .... 1 小勺

洋白菜碎丝 .... 1/2 杯

芝麻沙拉酱 .... 1 大勺

黄油 .... 适量

做法

① 在每片面包的内侧涂上黄油。

② 在下面的面包上叠放上切成碎丝
的洋白菜、芝麻沙拉酱、摊蛋卷
和红姜。

③ 盖上上面的面包，用热平底锅将
两面都烤到焦黄。

炸鸡

虽然不太需要添加其他食材了，
但炸鸡变成了具有民族风味的中国风。

材料

8 片装吐司面包	2 片
炸鸡	3 块
胡萝卜丝	1/2 杯
豆瓣酱	1 小勺
蛋黄酱	1 大勺
黄油	适量

做法

① 在每片面包的内侧涂上黄油。将蛋黄酱和豆瓣酱拌在一起，涂在上面。

② 将胡萝卜丝和炸鸡摆在下面的面包上。

③ 盖上上面的面包，用热平底锅将两面都烤到焦黄。

饺子

让人很想不顾形象地张口大吃，
足以达到 B 级美食的美味（日本的 B 级"美食"指质量充足，价格公道的乡土料理）。

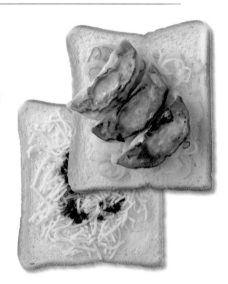

材料

8 片装吐司面包	2 片
炸牛肉薯饼	大的 1 个
洋白菜丝	1/2 杯
英国辣酱油	1 小勺
番茄酱	1 小勺
芥末粒	1 大勺
黄油	适量

做法

① 在每片面包的内侧涂上黄油，再涂上芥末粒。

② 在下面的面包上放上洋白菜丝和牛肉薯饼。将英国辣酱油和番茄酱混合，铺开涂在牛肉薯饼上。

③ 盖上上面的面包，用热平底锅将两面都烤到焦黄。

日式炸生蚝

味道的关键在于芥末风味的调味酱。
还可以用腌芥末来代替芥末。

材料

英式松饼	1 个
炸生蚝	2 个
洋白菜丝	1/2 杯
芥末	1 小勺
水煮蛋	1 个
蛋黄酱	1 大勺
盐、胡椒	适量
黄油	适量

做法

① 将英式松饼水平切开，在切面上涂上黄油。

② 在下面的面包上放上洋白菜丝和炸生蚝。

③ 用叉子背等将煮鸡蛋捣碎，用蛋黄酱、芥末、盐和胡椒来调味，放到炸牡蛎上面。

④ 盖上上面的面包，用热平底锅将两面都烤到焦黄。

炸牛肉薯饼

将正统的牛肉薯饼做成了烤三明治。
溢出来的洋白菜略微烤焦也很美味。

材料

8 片装吐司面包	2 片
炸牛肉薯饼	1 个大的
洋白菜丝	1/2 杯
英国辣酱油	1 小勺
番茄酱	1 小勺
芥末粒	1 大勺
黄油	适量

做法

① 在每片面包的内侧涂上黄油，再涂上芥末粒。

② 在下面的面包上放上洋白菜丝和牛肉薯饼。将英国辣酱油和番茄酱混合，铺开涂在牛肉薯饼上。

③ 盖上上面的面包，用热平底锅将两面都烤到焦黄。

泡菜

为了吃着有咔嚓咔嚓的口感，
土豆丝也可以生着夹在里面。

材料

8 片装吐司面包	2 片
泡菜	2 大勺
土豆丝	1/2 杯
芝麻糊	1 大勺
酸奶	2 小勺
盐、胡椒	适量
黄油	适量

做法

① 把切成丝的土豆泡在水中 10 分钟左右，去除水分。

② 在每片面包的内侧涂上黄油，将芝麻糊和酸奶混合在一起充分搅拌后，再涂上去。

③ 在下面的面包上放上①和泡菜，撒上盐和胡椒。

④ 盖上上面的面包，用热平底锅将两面都烤到焦黄。

芝麻拌菠菜

家常的芝麻拌菠菜，
靠孜然和咖喱粉的魔法就可以成为无国界的美味。

材料

英式松饼	1 个
芝麻拌菠菜	1/2 杯
洋葱丝	1/2 杯
孜然（整粒）	1/4 小勺
咖喱粉	两小撮
盐、胡椒	适量
黄油	适量

做法

① 将洋葱丝、黄油、孜然放入耐热容器中，覆上保鲜膜加热 1 分钟左右，加入咖喱粉充分搅拌。

② 将英式松饼水平切开，在切面上涂上黄油。

③ 在下面的面包上将①铺展开，放上芝麻拌菠菜，撒上盐和胡椒。

④ 盖上上面的面包，用热平底锅将两面都烤到焦黄。

Chapter 4 | 17 种可当作甜点的烤三明治

虽然很想吃甜的东西，
但搅拌做水果派的面糊，或
者烘烤做面包用的面团，是不是
有些麻烦？这种时候就来做甜点烤
三明治吧，众口称赞的面包中会
溢出甜美的幸福。

苹果肉桂

虽然很简单，但吃到水果的那种满足感非常强烈！
也可以用脱脂乳酪来代替奶油奶酪。

材料

8 片装吐司面包	2 片
苹果酱	2 大勺
苹果薄切片	1/2 杯
奶油奶酪	1 大勺
肉桂	两小撮
黄油	适量

做法

① 在每片面包的内侧涂上黄油，撒上肉桂。（图Ⓐ）

② 在下面的面包上放上苹果酱和奶油奶酪。（图Ⓑ）

③ 放上苹果薄切片。（图Ⓒ）

④ 盖上上面的面包，用热平底锅将两面都烤到焦黄。

双重杏仁

杏仁以健康和美容效果好而著称。

做成味道甘甜的烤三明治，超级美味。

材料

英式松饼 ....1 个

★ ⌈ 杏仁粉 ....1 大勺

   | 细砂糖 ....2 小勺

   ⌊ 黄油 ....1 大勺

杏仁切片 ....1 大勺

白兰地 ....几滴

黄油 ....适量

做法

① 将英式松饼水平切开。在一边的面包上涂上黄油。将标★的材料充分混合。（图Ⓐ）

② 在下面的面包上涂上①。（图Ⓑ）

③ 将杏仁切片薄薄地铺上去，依喜好撒上几滴白兰地。（图Ⓒ）

④ 盖上上面的面包，用热平底锅将两面都烤到焦黄。

黑樱桃白兰地

是否美味很大程度上取决于巧克力的味道，所以巧克力请选用优质的！
也推荐用其他果莓系的果酱来代替黑加仑果酱。

材料

法棍面包 ....15cm 左右长
味苦的巧克力 ....直板巧克力 1/2 块
黑加仑果酱 ....2 大勺
黑樱桃（罐头）..........................6 个
樱桃白兰地 ....1 小勺
黄油 ....适量

做法

① 将法棍面包水平切开，在切面上涂上黄油。将黑加仑果酱涂在下面的面包上。（图Ⓐ）

② 将撒上了樱桃白兰地的黑樱桃放在上面。（图Ⓑ）

③ 将切成适当大小的味苦的巧克力叠放在 ② 上面。（图Ⓒ）

④ 盖上上面的面包，用热平底锅将两面都烤到焦黄。

百香果奶油

百香果黄油是非常受欢迎的夏威夷土特产，
与奶油奶酪也非常搭配。

材料

8 片装吐司面包..............................2 片
百香果果酱....................................30g
无盐黄油..30g
砂糖..15g
奶油奶酪...................................1 大勺

做法

① 无盐黄油保持在室温状态。将百香果果酱和砂糖混合，用微波炉加热将砂糖溶化。（图Ⓐ）

② 百香果果酱的余温散去之后，加入切成小块的无盐黄油，充分搅拌。放入保存容器中，在冰箱中放置一晚，使其渗透。（图Ⓑ）

③ 在每片面包的内侧涂上室温下的奶油奶酪。（图Ⓒ）

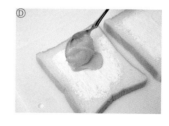

④ 将 ② 再厚厚地涂上去，盖上上面的面包。（图Ⓓ）

⑤ 用热平底锅将两面都烤到焦黄。

草莓查佛蛋糕（Trifle）

即使在特别的日子里也可以自信地端上来，
又华丽又美味的、像蛋糕一样的一道甜品。

材料

英式松饼 ....1 个

★
蛋黄 ....1 个

砂糖 35g

低筋面粉 ....1 大勺

牛奶 100cc

朗姆酒 ....几滴

香草香精 ....1~2 滴

迷你棉花糖 ....5、6 个

草莓果酱、蓝莓果酱...........各 2 小勺

饼干 ....1 块

黄油 ....1 大勺

· 装饰用 ·

草莓 ....2 个

蓝莓 ....5~6 个

挤出的鲜奶油 ....适量

糖粉 ....适量

做法

① 将蛋黄和砂糖在耐热容器中搅拌。
（图Ⓐ）

② 在①中加入低筋面粉，一点一点
倒入牛奶和朗姆酒，搅拌至顺滑。
（图Ⓑ）

③ 用微波炉强力加热 1 分钟。取出来
充分搅拌后，再加热 30 秒。一直
重复这个过程，直到变成浓稠状
态，加入香草香精，用网格很小
的笊篱过滤。

④ 将英式松饼水平切开，在切面上大
量地涂上③。

⑤ 将切成大小方便食用的饼干、迷你
棉花糖和两种果酱放在下面的面
包上。（图Ⓒ）

⑥ 盖上上面的面包，用热平底锅来
烤。盛到盘子中，上面再用切片
的草莓、蓝莓、挤出的鲜奶油和
糖粉来装饰点缀。

速成提拉米苏

有时候转换一下心情，来点儿热热的提拉米苏怎么样？
这是想到就马上能做出来的速食谱。

材料

8 片装吐司面包 .... 2 片
马斯卡彭奶酪 .... 4 大勺
饼干 .... 4 块
浓咖啡 .... 1 大勺
朗姆酒 .... 少量
可可粉 .... 1 小勺
黄油 .... 1 大勺

做法

① 将黄油和可可粉充分搅拌，涂在每片面包的内侧。

② 将马斯卡彭奶酪和切碎的饼干放到下面的面包上，将浓咖啡和朗姆酒混合在一起，用刷子等刷到饼干上使其渗入。

③ 盖上上面的面包，用热平底锅将两面都烤到焦黄。

炼乳红豆

热热的炼乳红豆和软糯的寿甘，
从大人到孩子都很喜欢的经典美味。

材料

法棍面包 .... 15cm 左右长
红豆 .... 2 大勺
寿甘 .... 1 个
炼乳 .... 1 大勺
黄油 .... 适量

做法

① 将法棍面包水平切开，在切面上涂上黄油。

② 将寿甘切成细丝，像搭台子一样放在下面的面包上。中间放上红豆，再加上炼乳。

③ 盖上上面的面包，用热平底锅来烤。

蜂蜜坚果

蜂蜜和坚果都是种类丰富的食材。
如果变换组合搭配，三明治的味道也富于变化。

材料

英式松饼 .... 1 个
混合坚果 .... 2 大勺
蜂蜜 .... 1 大勺
欧芝挞奶酪 .... 2 大勺
黄油 .... 适量

做法

① 将英式松饼水平切开，在切面上涂上黄油，再涂上欧芝挞奶酪。

② 将混合坚果和蜂蜜充分混合，放到下面的面包上。

③ 盖上上面的面包，用热平底锅将两面都烤到焦黄。

热西伯利亚

用羊羹与蜂蜜蛋糕做成的令人怀念的点心——"西伯利亚"，夹在面包中烤到焦黄，会变得更加美味。

材料

8 片装吐司面包	2 片
熬制好的羊羹	4cm 左右长
蜂蜜蛋糕	1 块
黄油	适量
盐	一小撮

做法

① 在每片面包的内侧涂上黄油。将羊羹和蜂蜜蛋糕都切成薄片。

② 在下面的面包上叠放上一半蜂蜜蛋糕和羊羹，撒上盐。

③ 将剩下的蜂蜜蛋糕再放到②上面去。

④ 盖上上面的面包，用热平底锅将两面都烤到焦黄。

柿饼核桃

无盐黄油和核桃可以衬托出柿饼浓郁的味道。如果切成方便食用的大小，也很适合搭配红酒。

材料

8 片装吐司面包	2 片
柿饼	小个的 3 个
核桃	2~3 个
无盐黄油	2 大勺
肉桂粉	依喜好一小撮

做法

① 将柿饼竖着切成两半，将核桃略微炒一下，大致切碎。

② 在下面的面包上放上①和切成小块的无盐黄油。

③ 放上核桃，依喜好撒上肉桂粉。

④ 盖上上面的面包，用热平底锅将两面都烤到焦黄。

番薯纳豆

用小火慢慢地烤，使得薄饼充分均匀加热，是美味制作的关键。

材料

英式松饼	1 个
番薯纳豆	2 块
薄饼	1 块
奶酪切片	1 片
黄油	适量

做法

① 将英式松饼水平切开，在切面上涂上黄油。

② 在下面的面包上依次放上奶酪切片、番薯纳豆和薄饼。

③ 盖上上面的面包，用热平底锅将两面都用小火慢慢地烤。

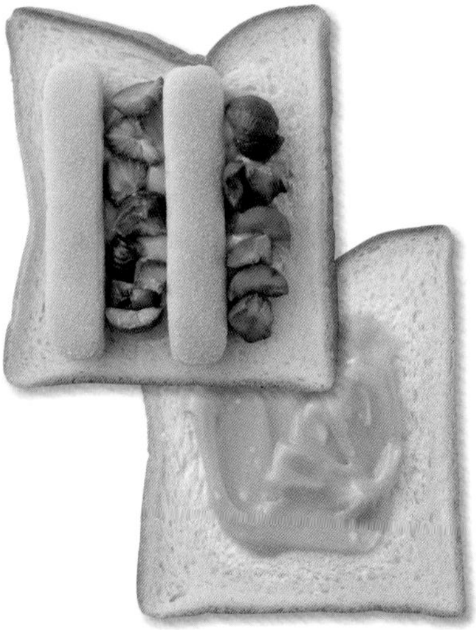

栗子蛋糕

浓郁的奶油和甜栗子的口感，
不输给栗子蛋糕的美味。

材料

- 8片装吐司面包……2片
- 栗子酱……1大勺
- 甜栗子……5~6个
- 凝脂奶油……2大勺
- 手指饼干……3根
- 朗姆酒……少量
- 黄油……适量

做法

① 在每片面包的内侧涂上黄油。将凝脂奶油、栗子酱和朗姆酒混合在一起。

② 在下面的面包上涂上①混合出来的奶油，再放上手指饼干和切碎的甜栗子。

③ 盖上上面的面包，用热平底锅将两面都烤到焦黄。

黑豆奶酪

日式风味与西式风味相融合的美味组合！
请把奶油奶酪和黄油厚厚地涂上去。

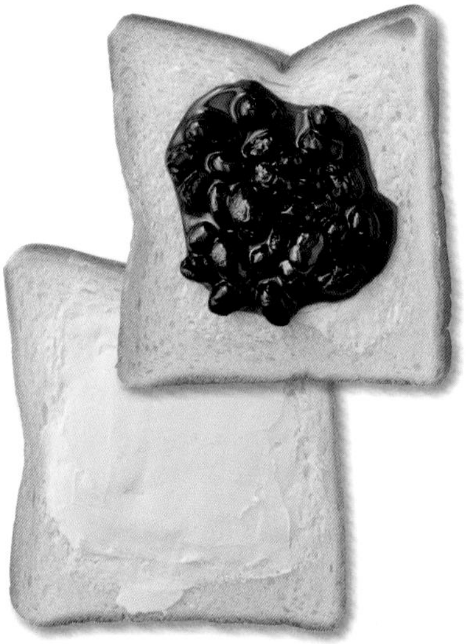

材料

- 8片装吐司面包……2片
- 黑豆……2大勺
- 红糖汁……1大勺
- 奶油奶酪……2大勺
- 黄油……适量

做法

① 在每片面包的内侧涂上黄油，再涂上奶油奶酪。

② 在下面的面包上放上黑豆，浇上红糖汁。

③ 盖上上面的面包，用热平底锅将两面都烤到焦黄。

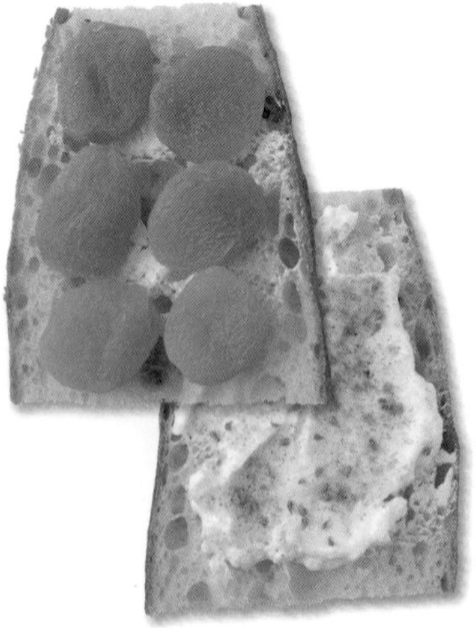

杏干乳酪

香料衬托出杏干柔和的甜味，
是一种成熟的味道。

材料

- 法棍面包……15cm左右长
- 杏干……6个
- 欧芝挞奶酪……3大勺
- 茴香籽（整粒）……一小撮
- 白豆蔻粉……一小撮
- 黄油……适量

做法

① 将法棍面包水平切开，在切面上涂上黄油。

② 在下面的面包上再涂上欧芝挞奶酪，放上杏干。撒上茴香籽、白豆蔻粉。

③ 盖上上面的面包，用热平底锅将两面都烤到焦黄。

浓缩黄豆粉

用小火慢慢地烤吧。
面包与黄豆粉的香气让人很开心。

材料

英式松饼 .... 1 个
黄豆粉 .... 1 大勺
薄饼 .... 1 块
炼乳 .... 1 大勺
黄油 .... 适量

做法

① 将英式松饼水平切开，在切面上涂上黄油。

② 在下面的面包上放上薄饼，浇上炼乳和黄豆粉。

③ 盖上上面的面包，放到热平底锅中，用小火慢慢地两面烧烤。

芒果椰子

将涂满奶酪和牛奶的芒果干在冰箱里放一晚，
使之渗透后再放到面包上也很美味！

材料

8 片装吐司面包 .... 2 片
椰子粉 .... 1 大勺
椰奶 .... 1 大勺
芒果干 .... 4 块
奶油奶酪 .... 1 大勺
黄油 .... 适量

做法

① 在每片面包的内侧涂上黄油。将室温下柔软的奶油奶酪和椰奶混合在一起。

② 将芒果干切成大块，涂满奶酪和椰奶的混合物，放在下面的面包上，撒上椰子粉。

③ 盖上上面的面包，用热平底锅将两面都烤到焦黄。

苏摩亚（S'more）

苏摩亚是在美国很受欢迎的甜点。
做成烤三明治的话，也方便携带。

材料

8 片装吐司面包 .... 2 片
全麦饼干 .... 2 块
直板巧克力（黑巧克力）........ 1/2 块
棉花糖 .... 4~5 个
花生黄油 .... 1 大勺

做法

① 在涂了花生黄油的面包上，放一块全麦饼干。

② 在下面的面包上依次放上直板巧克力、棉花糖和另一块全麦饼干。

③ 盖上上面的面包，用热平底锅将两面都烤到焦黄。

这自然是超级美味的基本食谱。从做成蛋糕也让人很开心的华丽的法式吐司，到具有成熟味道的不甜的法式吐司，用各种各样的面包来使其更加美味！

Chapter 5 | 甜和不甜的 16 种法式吐司

基本的法式吐司

烤面包的时候不要把黄油烤焦，用较弱的中火来慢慢烤，是制作的诀窍。
如果喜欢吃很柔软的，在翻面之后，盖上平底锅的盖子试试。

基本的法式吐司液

材料

S 尺寸的鸡蛋	1 个
牛奶	50cc
鲜奶油	50cc
朗姆酒	几滴
香草香精	1~2 滴
砂糖	2 小勺

做法

①将上述食材全部混合，充分搅拌。
（图Ⓐ）

Ⓐ

Ⓑ

Ⓒ

材料

6 片装吐司面包	1 片
基本的法式吐司液	1 人份
黄油	适量

做法

①将面包放进带有拉链的袋子里或密封容器内，浸泡在基本的法式吐司液中。（图Ⓑ）

②约一个小时后把吐司面包翻个面，放入冰箱两个小时以上，如果可以的话最好放一晚。

③在平底锅中加热黄油，将恢复室温状态的②两面烤到焦黄。（图Ⓒ）

④盛到盘子中，用滤茶网等撒上糖粉，趁热吃。

用各种各样的面包制作基本的法式吐司

牛角面包

做法

① 将两个牛角面包从中切开。

② 每一面在基本的法式吐司液里浸泡30分钟左右。用平底锅将黄油加热，两面烤到焦黄。

③ 盛到盘子中，依喜好用滤茶网等撒上糖粉，趁热吃。

法棍面包

做法

① 将15cm左右长的法棍面包切成三段，在基本的法式吐司液中浸泡一个晚上。

② 用平底锅加热黄油，将恢复到室温状态的①两面都烤到焦黄。

③ 盛到盘子中，依喜好用滤茶网等撒上糖粉，趁热吃。

英式松饼

做法

① 将英式松饼水平对半切开，在基本的法式吐司液中浸泡一个晚上。

② 用平底锅加热黄油，将恢复到室温状态的①两面都烤到焦黄。

③ 盛到盘子中，依喜好用滤茶网等撒上糖粉，趁热吃。

百吉饼

做法

① 将百吉饼水平对半切开，再各自切成四等份。

② 在基本的法式吐司液中浸泡一个晚上。

③ 用平底锅加热黄油，将②两面烤到焦黄。

④ 盛到盘子中，用滤茶网等撒上糖粉，趁热吃。

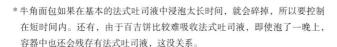

基本的不甜的法式吐司液

材料

鸡蛋 ....1 个
鲜奶油 50cc
牛奶 50cc
盐 ....1/2 小勺

做法

① 将上述材料全部混合起来，充分搅拌。

*牛角面包如果在基本的法式吐司液中浸泡太长时间，就会碎掉，所以要控制在短时间内。还有，由于百吉饼比较难吸收法式吐司液，即使泡了一晚上，容器中也还会残存有法式吐司液，这没关系。

柠檬糕饼

柠檬糕饼做成面包更简单！
正因为是法式吐司，一瞬间就能做好啦！

材料

英式松饼 1个

★
- 鸡蛋 1个
- 鲜奶油 30cc
- 牛奶 50cc
- 柠檬汁 1大勺
- 砂糖 2小勺
- 白酒 1小勺

·柠檬凝乳材料·

◆
- 蛋黄 1个
- 柠檬汁 1个
- 砂糖 30g
- 溶化的黄油 30g
- 切碎的柠檬皮 1小勺

♣
- 蛋白 1个
- 砂糖 1小勺

糖粉 ....适量

黄油 1大勺

做法

① 将标★的食材全部混合，用来浸泡水平切开的英式松饼，就那样在冰箱中放置一晚。

② 将标◆的砂糖和蛋黄混合，将柠檬汁和切碎的柠檬皮混合在一起。（图Ⓐ）

③ 将标◆的溶化的黄油加入②中混合，用微波炉不盖盖子强力加热20秒。取出后充分搅拌，再一次用微波炉不盖盖子强力加热20秒，放入冰箱中冷却。

④ 将标♣的蛋白倒入干燥清洁的碗中打泡，打到五分发，加入砂糖，做成较硬的糕饼。（图Ⓑ）

⑤ 用热平底锅来溶化黄油，将室温状态的①两面烧烤。移到盘子中，涂满③的柠檬凝乳。（图Ⓒ）

⑥ 将④的糕饼盛出来，用烤箱烤上色。盛到盘子中，撒上足量的糖粉。

甘薯

在浸泡了法式吐司液的法棍面包中，
填满加入了豆腐渣的健康的甘薯。

材料

6cm 左右长的法棍面包	2 个
基本的法式吐司液	1 人份
┌ 过滤好的甘薯	4 大勺
│ 生豆腐渣	2 大勺
│ 蛋黄	1 个
│ 鲜奶油	1 大勺
★│ 溶化的黄油	1 大勺
│ 朗姆酒	1 小勺
│ 肉桂	一小撮

│ 黄砂糖	1 小勺
└ 香草香精	2~3 滴
黄油	1 大勺
细砂糖	2 大勺

做法

① 将法棍面包的芯挖出来，将面包泡在基本的法式吐司液里，在冰箱中放置一晚。

② 将标★的食材全部混合，用捣碎器等充分搅拌。（图 Ⓐ）

③ 在 ① 的洞中塞满 ②。（图 Ⓑ）

④ 用热平底锅溶化黄油，整体烤 ③。

⑤ 在 ④ 上面撒上细砂糖再烤，在表面上糖色。（图 Ⓒ）

＊也可以加上打泡奶油，吃起来也很美味。

熔岩巧克力蛋糕

切开有涂层的法棍面包的法式吐司，
热黑巧克力就会流出来。

材料

★
┌ 基本的式吐司液 1人份
│ 巧克力糖浆 1大勺
│ 可可粉 1小勺
│ 白兰地 1小勺
└ 黑可可粉 1大勺

6cm左右长的法棍面包 2个
黄油 1大勺
黑巧克力块 4大勺
·依喜好装饰用·
草莓 2个
薄荷叶 ....适量
巧克力糖浆 3大勺

做法

① 用削皮刀等在法棍面包的内侧挖出
一个碗状。挖出来的部分也先放
在一边。（图Ⓐ Ⓑ）

② 将标★食材充分搅拌，将①全部浸
泡一晚。（图Ⓒ Ⓓ）

③ 用热平底锅加热黄油，烤②。在
法棍面包的洞中各倒入2大勺黑
巧克力。（图Ⓔ）

④ 洞中的巧克力溶化之后，用挖出来
的部分当盖子盖上。上下翻过来
再烤。（图Ⓕ）

⑤ 将整体烤到焦黄之后盛到盘子中，
用草莓、薄荷叶、巧克力糖浆等
来装饰。

酒糟红糖

烤过的酒糟的香气会在口中蔓延，
是和早餐与点心很搭配的法式吐司。

材料

6 片装吐司面包 .... 1 片
基本的法式吐司液 .... 1 人份
酒糟 .... 1 大勺
糖粉 .... 1 大勺
黄油 .... 1 大勺

做法

① 将酒糟融入基本的法式吐司液
　 中。将吐司面包浸泡在里面，在
　 冰箱里放置一晚。

② 用热平底锅溶化黄油，将恢复到
　 室温状态下的 ① 两面烤到焦黄。

③ 盛到盘子中，撒上糖粉。

奶茶

推荐使用格雷伯爵茶和阿萨姆红茶。
能够享受到不同的茶叶特有的香气。

材料

6 片装吐司面包 .... 1 片
基本的法式吐司液 .... 1 人份
煮好的浓红茶 .... 1 大勺
红茶茶叶 .... 2 小勺
黄油 .... 1 大勺

做法

① 将基本的法式吐司液和红茶水混
　 合，将吐司面包浸泡在里面，在
　 冰箱里放置一晚。

② 在 ① 中放入红茶茶叶，放置到
　 室温状态。

③ 用热平底锅溶化黄油，将②烤得
　 两面焦黄。

杏仁豆腐

如果买不到杏仁霜，
也可以用洋酒中的杏仁酒或杏仁香精。

材料

6 片装吐司面包 .... 1 片
基本的法式吐司液 .... 1 人份
杏仁霜 .... 1 大勺
枸杞子 .... 4~5 粒
黄油 .... 1 大勺

做法

① 将杏仁霜混入基本的法式吐司液
　 中。将吐司面包浸泡在里面，在
　 冰箱里放置一晚。

② 在 ① 中加入枸杞子，放置到室
　 温状态。

③ 用热平底锅溶化黄油，将②烤得
　 两面焦黄。

糖色菠萝

略微烤焦些的细砂糖是重点。
热热的菠萝散发出甜美的香气。

材料

英式松饼	1 个
基本的法式吐司液	1 人份
菠萝（罐头）	2 块
细砂糖	2 小勺
黄油	1 大勺

做法

① 将英式松饼水平切开，浸泡在基本的法式吐司液中，在冰箱里放置一晚。

② 用热平底锅溶化黄油，烤恢复到室温状态的①。在两片上面都放上菠萝，分别撒上一小勺细砂糖，用铲子翻面。

③ 用小火慢慢烤，等菠萝的表面上好糖色，将有菠萝的一面朝上盛到盘子中。

香蕉朗姆

肉桂和朗姆酒的量请依照喜好来增减。
香蕉请选用完全成熟的甜香蕉吧。

材料

6 片装吐司面包	1 片
基本的法式吐司液	1 人份
香蕉	1/2 根
肉桂	一小撮
朗姆酒	1 小勺
糖粉	1 大勺
黄油	1 大勺

做法

① 将肉桂和朗姆酒加入基本的法式吐司液中混合。将吐司面包浸泡在里面，在冰箱里放置一晚。

② 加热平底锅，溶化黄油，烤恢复到室温状态的①。

③ 将两面都烤到焦黄，盛到盘子中，摆好切片的香蕉。依据喜好用滤茶网等撒上糖粉。

阿芙加多（Affogato）

香草冰激凌融化在浓咖啡味道的法式吐司上面，
是非常幸福的时刻！

材料

6cm 左右长的法棍面包	2 个
基本的法式吐司液	1 人份
浓咖啡	60cc
（事先分成 20cc 和 40cc）	
黄油	1 大勺
香草冰激凌	2 个球

做法

① 将 20cc 浓咖啡混入基本的法式吐司液中，将法棍面包浸泡在里面，在冰箱里放置一晚。

② 用热平底锅溶化黄油，将恢复室温状态的①放入，慢慢地烤。

③ 将其盛到盘子中，在每个法棍面包上放上香草冰激凌，从上面浇注温热的剩下的 40cc 浓咖啡。

三文鱼开胃菜

三文鱼和开胃小菜可以做成时尚的轻食。
与冷白酒也很相配。

材料

6 片装吐司面包..............................1 片
基本的不甜的法式吐司液.........1 人份
烤三文鱼碎肉..................................1/2 片
开胃小菜...2 大勺
黄油..1 大勺

做法

① 将吐司面包泡在基本的不甜的法式吐司液中，在冰箱里放置一晚。
② 将烤三文鱼碎肉和开胃小菜混合。等①的吐司面包恢复到室温状态，切成两半，在其中一半上放上混合好的料。（图Ⓐ Ⓑ）

③ 用另外一半的面包盖在②上面。（图Ⓒ）
④ 用热平底锅溶化黄油，将③两面都慢慢地烤。

大阪烧风味

小型的很可爱的大阪烧！
由于使用英式松饼，烤成漂亮的圆形也很简单。

材料

英式松饼	1个
基本的不甜的法式吐司液	1人份
洋白菜碎丝	1/2 杯
樱花虾	1大勺
红姜	1大勺
鲣鱼干削片	1大勺
浒苔	1小勺
大阪烧调味酱	2大勺
蛋黄酱、芥末	依喜好适量

黄油 1大勺

做法

① 将水平切开的英式松饼浸泡在基本的不甜的法式吐司液中，在冰箱里放置一晚。

② 用平底锅加热黄油，烤室温状态下的 ① 的其中一半。把洋白菜碎丝和樱花虾放上去。（图Ⓐ）

③ 将另外一半面包叠放在 ② 上面，薄薄地涂上一层大阪烧调味酱，然后翻面。（图Ⓑ）

④ 在翻过来的一面上涂上蛋黄酱和芥末，再次翻面，放上鲣鱼干削片、红姜、浒苔，慢慢烤，直到烤好洋白菜。（图Ⓒ）

培根香肠

只是用吐司面包把中间的料卷起来，
法式吐司的面貌就突然变了。

材料

6 片装吐司面包	1 片
基本的不甜的法式吐司液	1 人份
香肠	1~2 根
奶酪切片	1 片
培根切片	2 片
黄油	1 大勺

做法

① 将吐司面包浸泡在基本的不甜的法式
吐司液中，在冰箱里放置一晚。

② 在培根上放上恢复到室温状态下的
①，再放上奶酪切片和香肠，从边缘
处卷起来。

③ 用热平底锅溶化黄油，把 ② 的最后
卷边处置于下面开始烤，一边滚动一
边使各处都烧烤变色。

金针菇

由于使用的是瓶装的金针菇，所以不需要调味，
撒上足量的五香粉吃吧。

材料

6 片装吐司面包	1 片
基本的不甜的法式吐司液	1 人份
金针菇（瓶装）	3 大勺
芝麻油	1 大勺
五香粉	适量

做法

① 将金针菇加入基本的不甜的法式吐司
液中混合搅拌。将吐司面包浸泡在里
面，在冰箱里放置一晚。

② 让 ① 恢复到室温状态，然后用热平
底锅倒上芝麻油两面烧烤。

③ 盛到盘子中，撒上足量的五香粉。

鲜虾海鲜浓汤

让吐司面包里渗透足量的鲜虾海鲜浓汤，
做成简单的轻食。

材料

6 片装吐司面包 ....1 片
　┌ 鸡蛋 ....1 个
★│ 鲜虾海鲜浓汤（市售品）............100cc
　└ 牛奶 ....1 大勺
黄油 ....1 大勺
樱花虾 ....适量

做法

① 将标★的食材全部混合在一起，将吐
　司面包浸泡在里面，在冰箱里放置
　一晚。
② 用热平底锅溶化黄油，烤恢复到室温
　状态下的①。
③ 盛到盘子中，依喜好散落放上樱花虾。

泰国绿咖喱

辣味的法式吐司。

这种南国的味道，虽然会辣得流汗，但还是很想吃。

材料

6 片装吐司面包 ....1 片
　┌ 鸡蛋 ....1 个
★│ 泰国绿咖喱（市售品）.................100cc
　└ 牛奶 ....1 大勺
黄油 ....1 大勺
酸橙、香草 ....适量

做法

① 将标★的食材全部混合在一起，将吐
　司面包浸泡在里面，在冰箱里放置
　一晚。
② 用平底锅加热黄油，烤恢复到室温状
　态下的①。
③ 将两面烤到焦黄，盛到盘子中。依喜
　好添加酸橙切片和香草。

豆渣甜点
——随时享用不发胖的美味

随时可食用，美味又健康

好味豆腐
——低卡甜点开心吃

用豆腐、豆渣、豆浆、
油豆腐做点心

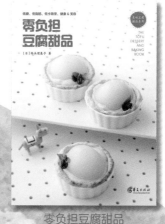

零负担豆腐甜品

低糖、低脂肪、低卡路里、
健康＆美容

用小铸铁锅做甜点

发挥铸铁锅保温、保冷的功能，
甜点会变得更加美味！

餐桌上的调味百科

从调味、制酱到烹调，掌握配方
精髓的完美酱料事典

我的第一本橄榄油菜谱书

史上第一本特级冷压初榨橄榄油
全烹调料理书

用蜂蜜制作家庭保养品

大自然赐予我们的
家庭医药智慧！

薄荷油的乐趣

前田京子 34 种
可轻松自制的薄荷油配方！

旅行达人的行前准备

旅行从准备的时候开始享受！